Sven-David Müller

Mehr Proteine für mehr Gesundheit und weniger Übergewicht?

Alles über Eiweiß, Eiweiße, Protein und Proteine

GRIN Verlag

Bibliografische Information der Deutschen Nationalbibliothek:

Die Deutsche Bibliothek verzeichnet diese Publikation in der Deutschen Nationalbibliografie; detaillierte bibliografische Daten sind im Internet über http://dnb.d-nb.de/ abrufbar.

Impressum:

Druck und Bindung: Books on Demand GmbH, Norderstedt Germany
ISBN: 978-3-656-87489-8

Dieses Buch bei GRIN:

http://www.grin.com/de/e-book/287287/mehr-proteine-fuer-mehr-gesundheit-und-weniger-uebergewicht

Mehr Proteine für mehr Gesundheit und weniger Übergewicht?

von Dr. h.c. (AM) Sven-David Müller, MSc.

Im Vergleich zu Kohlenhydraten und Fetten führen Proteine, die umgangssprachlich als Eiweiße bezeichnet werden, ein Schattendasein in der öffentlichen Wahrnehmung und auch in der Ernährungsmedizin. Insbesondere in der Prophylaxe und Therapie von Übergewicht und Adipositas kommen Proteine praktisch nicht vor. Aber haben diese Nährstoffe keine Auswirkung auf die Körpergewichtsentwicklung. Die Zufuhr-Empfehlung der Deutschen Gesellschaft für Ernährung (DGE) e. V. wird praktisch von allen Menschen in Deutschland eingehalten. Aber reichen 0,8 Gramm Eiweiß pro Körperkilogramm tatsächlich aus? Und ist es gefährlich, mehr Eiweiß zuzuführen? Gerade in der Diätdiskussion geht es praktisch immer um Low- oder High Carb oder Fat. Aktuelle wissenschaftliche Erkenntnisse zeigen jedoch, dass gerade den Proteinen in der Gesunderhaltung und der Beeinflussung des Körpergewichts eine große Bedeutung zukommt.

Der Name Protein leitet sich vom griechischen Wort „Proteno = ich nehme den ersten Platz ein“ ab. Proteine oder Eiweiße sind wesentlicher Bestandteil aller lebenden Organismen. Natürlich auch dem Menschen und anderen Säugetieren. Neben den Kohlenhydraten und Fetten zählen sie zu den Makronährstoffen. Eiweiße nehmen unter diesen Nährstoffen eine Sonderstellung ein. Da der Mensch nicht in der Lage ist, Stickstoff (N) aus anorganischen Stoffen oder aus der Luft für den Aufbau von Körpereiweiß zu nutzen, ist er auf die Aufnahme von Eiweiß mit der Nahrung angewiesen. Ohne die Zufuhr von Proteinen ist kein Leben möglich und der Körper verfügt nicht über Proteinspeicher. Die Muskelmasse kann und darf nicht als Speicher im eigentlichen Sinne gesehen werden, da nach ihrem Abbau auch die Funktion (beispielsweise Bewegung) mehr möglich ist. Eiweiße sind wesentliche Bausteine aller Körperzellen, Bestandteile aller Körperflüssigkeiten und als Enzyme für den Ablauf lebensnotwendiger Funktionen zuständig. Eiweiße sind aus einer unterschiedlich großen Anzahl an Aminosäuren aufgebaut. Der Unterschied zu den Kohlenhydraten und den Fetten ist, dass Eiweiße neben den Elementen **Kohlenstoff** (C), **Wasserstoff** (H) und **Sauerstoff** (O) noch **Stickstoff** (N) enthalten.[1] Zwei Aminosäuren besitzen außerdem ein

---

[1] De Groot 2001, S. 74

Schwefelatom (S), andere sind zusätzlich aus dem Element **Phosphat** (P) aufgebaut. Im erwachsenen Organismus entfallen 50% der Proteine auf das Muskelgewebe, 25% liegen im Bindegewebe in Form von Elastin und Keratin vor und 25% finden sich in den inneren Organen und im Blut wieder. Die Eiweißzufuhr sollte in ausreichender Menge täglich geschehen, um die Gesundheit zu erhalten und bestimmte Erkrankungen und lindern. Proteine setzen sich aus Aminosäuren zusammen und gerade in Aminosäuren steckt viel therapeutisches Potential. So zeigen beispielsweise Studien des renommierten Ernährungsforschers Professor Dr. Jürgen Spona, dass die die Supplementation von bestimmten Aminosäuren zur Linderung von leichten mit mittelgradigen Depressionen führen kann.

Funktionen der Eiweiße

Proteine sind Bestandteile aller Zellen und bestimmen den Bau, die Struktur und den Stoffwechsel der Zelle. Eiweiße erfüllen eine Reihe **lebensnotwendiger Aufgaben** im menschlichen Organismus. Sie dienen als

- Enzyme (Biokatalysatoren) und Hormone, beispielsweise Insulin
- Transportproteine, zum Beispiel Hämoglobin oder Lipoproteine
- Speicherproteine, zum Beispiel das eisenspeichernde Ferritin
- Bewegungsproteine, zum Beispiel Myosin und Actin in den Muskelzellen
- Strukturproteine, zum Beispiel Kollagen in Sehnen und Muskeln
- Antikörper in der Immunabwehr
- Überträger von Nervenimpulsen beispielsweise beim Sehvorgang[2]
- Gerinnungsfaktoren, zum Beispiel Thrombin
- Puffer im Säure-Basen-Haushalt
- Energiebereitsteller im Hungerstoffwechsel oder bei Ausdauersport.[3]

Die Energiedichte von Eiweißen beträgt **17,2 kJ/g (= 4,1 kcal/g)**. Die mit der Nahrung aufgenommenen Eiweiße werden im Dünndarm in ihre Bausteine zerlegt, die Aminosäuren werden resorbiert, um dann als Material für den Aufbau körpereigener Eiweiße zu dienen. Als Energiequelle setzt der Körper Eiweiß erst ein, wenn er die Kohlenhydratspeicher

---

[2] Schlieper 2000, S. 99

[3] Der Brockhaus Ernährung, 2004, S. 146

aufgebraucht hat. Dies geschieht während längerer Hungerperioden. In einem komplizierten chemischen Prozess kann in der Leber aus glukogenen Aminosäuren Glukose als Energielieferant hergestellt werden. Ketogene Aminosäuren können, ähnlich wie die Fettsäuren, zu Ketonkörpern abgebaut werden, die von den Organen in Zeiten der Mangelversorgung alternativ zur Glukose verstoffwechselt werden.

Eiweißbausteine (Aminosäuren)

Die Bezeichnungen der 20 vorkommenden Aminosäuren leiten sich häufig von den tierischen oder pflanzlichen Geweben ab, in denen sie zuerst entdeckt und isoliert wurden. So wurde Glutamin nach dem Weizenprotein Gluten benannt, Tyrosin nach dem griechischen Wort für Käse und Asparagin nach der lateinischen Bezeichnung für Spargel.[4] Aminosäuren gehen untereinander Bindungen ein. Die Verkettung von zwei Aminosäuren wird als **Dipeptid** bezeichnet, von drei Aminosäuren als **Tripeptid**, von bis zu zehn Aminosäuren als **Oligopeptid** und von zehn bis 100 Aminosäuren als **Polypeptid**. Wenn mehr als 100 miteinander verknüpft sind, ist von **Eiweißen** die Rede. Eiweiße setzen sich im menschlichen Körper aus bis zu 20 verschiedenen Aminosäuren zusammen. Je nach Häufigkeit und Reihenfolge der zusammengesetzten Aminosäuren, gibt es nahezu unendliche Möglichkeiten der Aminosäurezusammensetzung.[5]

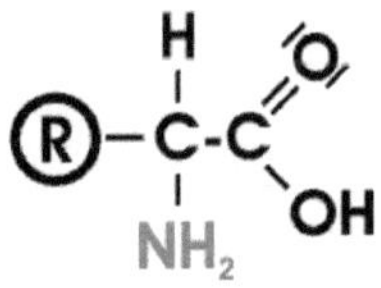

Abbildung: Aufbau von Aminosäuren

Die Aminogruppe und die Carboxylgruppe sind in allen Aminosäuren am gleichen C-Atom angeheftet. An dieses zentrale α-C-Atom sind folgende Gruppen gebunden:

- Eine Aminogruppe (-NH2)
- Eine Carboxylgruppe (-COOH)
- Ein Wasserstoffatom (-H)

[4] Schlieper 2000, S.
[5] Der Brockhaus Ernährung, S. 146

- Eine unterschiedliche Seitenkette (R)

Der Unterschied der einzelnen Aminosäuren liegt in der Art der Seitenkette (dem Rest), die eine unterschiedliche Struktur, Größe, elektrische Ladung und Wasserlöslichkeit hat.[6] Die Aminosäuren werden in entbehrlich und unentbehrlich (essentiell) eingeteilt. Einige Aminosäuren sind teilweise unentbehrlich, da sie nur in bestimmten Phasen essentiell sind.

Unentbehrliche Aminosäuren = lebenswichtige Eiweißbausteine

Aminosäuren können über den Prozess der Transaminierung ineinander umgewandelt werden. Voraussetzung dafür ist, dass die entsprechende α-Ketosäure vom Organismus synthetisiert werden kann. Dies ist nur bei 11 der 20 proteinogenen Aminosäuren der Fall. Die übrigen 9 Aminosäuren müssen dem Organismus zugeführt werden, sie werden als unentbehrliche Aminosäuren bezeichnet und müssen mit dem Nahrungseiweiß aufgenommen werden.[7]

Diese **unentbehrlichen Aminosäuren** sind: Histidin, Isoleucin, Leucin, Lysin, Methionin, Phenylalanin, Threonin, Tryptophan und Valin.[8]

Einige entbehrliche Aminosäuren, die im Körper aus Vorstufen synthetisiert werden, sind nur für besondere Stoffwechselbelastungen unentbehrlich. Unter speziellen Bedingungen, wie zum Beispiel Fieber oder Infektionen, können diese durch die Eigensynthese nicht gebildet werden. In diesen Situationen werden sie zu **bedingt unentbehrlichen Aminosäuren**. Hierzu gehören beispielsweise Cystein, Tyrosin, Arginin und insbesondere Glutaminsäure.[9] Es gibt einige angeborene Stoffwechselstörungen, bei denen Enzyme, die zur Synthese bestimmter Aminosäuren benötigt werden, ausfallen. Bekanntestes Beispiel ist die Phenylketonurie. Bei dieser Krankheit kann Phenylalanin nicht in Tyrosin umgewandelt werden, Tyrosin ist für diese Menschen eine essentielle Aminosäure.

---

[6] Schlieper 2000, S. 100
[7] Kasper, 2004, S. 27
[8] Kasper, 2004, S. 27
[9] Richter, 2000, S. 143

Limitierende Aminosäuren sind diejenigen unentbehrlichen Aminosäuren eines mit der Nahrung aufgenommenen Eiweißes, die im Lebensmittel von allen Aminosäuren am wenigsten vorkommen. Hierzu gehören beispielsweise Lysin im Getreide, Methionin in Hülsenfrüchten und Tryptophan in Mais. Die Wertigkeit für den Menschen wird als biologische Wertigkeit beschrieben.

Die biologische Wertigkeit

Die biologische Wertigkeit ist eine wichtige Größe zur Beurteilung von Proteinen und Aminosäuremustern für die menschliche Ernährung. Insbesondere in der diätetischen Behandlung von Erkrankungen wie der chronischen Niereninsuffizienz oder Leberzirrhose, bei denen eine verminderte Eiweißtoleranz vorliegt, spielt die **biologische Wertigkeit** eine große Rolle.[10] Aber auch zur Eiweißbedarfsdeckung ist es wichtig, die biologische Wertigkeit im Auge zu behalten. Bei Empfehlungen für die Eiweißzufuhr wird demnach die Qualität der Eiweiße berücksichtigt. Die biologische Wertigkeit entsteht durch eine unterschiedliche Aminosäurezusammensetzung im Nahrungsprotein. Je mehr die Aminosäuremuster eines Nahrungseiweißes mit dem des Körpereiweißes übereinstimmen, desto mehr Körpereiweiß kann der menschliche Organismus aus dem Nahrungseiweiß aufbauen. [11]

In erster Linie ist der Gehalt an essentiellen Aminosäuren in einem günstigen Mengenverhältnis ausschlaggebend für die Höhe der biologischen Wertigkeit.

- Enthält das Nahrungsprotein viele essentielle Aminosäuren in einem ähnlichen Verhältnis wie das Körperprotein, so ist die biologische Wertigkeit hoch.
- Eine niedrige biologische Wertigkeit liegt dann vor, wenn das Nahrungsprotein nur einen geringen Anteil an essentiellen Aminosäuren enthält, die auch noch in einem ungünstigen Mengenverhältnis zum Körperprotein stehen.
- Liegt nur eine einzige essentielle Aminosäure in geringer Konzentration vor, wird die biologische Wertigkeit erheblich beeinträchtigt. Die Aminosäure wird auch als limitierende Aminosäure bezeichnet.[12]

---

[10] Kasper 2000, S. 27
[11] Schauder 2003, S. 81
[12] de Groot 2001, S. 82

Bei einer ausgewogenen und gemischten Kost können durch geeignete Kombinationen von verschiedenen eiweißhaltigen Lebensmitteln die unterschiedlichen Aminosäuren ergänzt werden, so dass eine hohe biologische Wertigkeit entsteht.

Die **biologische Wertigkeit** gibt an, wie viel Gramm Körperstickstoff durch 100g resorbierten Nahrungsstickstoff ersetzt oder gebildet werden kann.[13]

Oder einfacher gesagt:

Die **biologische Wertigkeit** gibt an, wie viel Gramm körpereigenes Eiweiß aus 100g Nahrungseiweiß gebildet werden kann.[14]

Die biologische Wertigkeit kann durch die Mischung verschiedener Aminosäuren beeinflusst werden. Eine bessere biologische Wertigkeit wird durch die Kombination von tierischem und pflanzlichem Eiweiß erhalten. Die höchste biologische Wertigkeit erhält demnach die Kombination aus 500g Kartoffeln und einem Ei. Die biologische Wertigkeit beträgt somit 137. Aber auch eine Kombination von Getreide und Hülsenfrüchten beispielsweise Mais und Bohnen ist sinnvoll, um die limitierende Wirkung des Lysins im ersten Lebensmittel und Methionin im zweiten Lebensmittel aufzuheben. Es ist somit möglich, auch durch eine vegetarische Ernährung ohne Fleisch den Eiweißbedarf optimal zu decken. Eine streng vegane Kost erfordert allerdings eine sorgfältige Auswahl der Lebensmittel, um den Bedarf an unentbehrlichen Aminosäuren zu decken. Aus diesem Grund ist diese Ernährungsform insbesondere für Kleinkinder ungeeignet.[15] Einen Eiweißmangel können nur Menschen entwickeln, die zu wenig Eiweiß oder Proteine einer zu geringen biologischen Wertigkeit zuführen. Das kann im Bereich der Seniorenernährung und bei essgestörten Patienten vorkommen. Auch bestimmte Krankheiten können zu einem Eiweißmangel führen. Im Rahmen einer Reduktionsdiät darf nicht zu wenig Eiweiß zugeführt werden.

---

[13] Kasper 2000, S. 27
[14] Fink 2002, S. 32 (Ernährung und Diätetik – Wissenschaftliche Verlagsgesellschaft mbH Stuttgart 2002)
[15] D-A-CH 2000, S. 37

Tabelle: Biologische Wertigkeit von Eiweißen und Eiweißgemischen[16]

Nahrungsmittel	Biologische Wertigkeit	Eiweißprozente
Vollei und Kartoffel	137	35%/65%
Vollei und Milch	122	71%/29%
Vollei und Weizen	118	68%/32%
Bohnen und Mais	101	52%/48%
Vollei	100	
Kartoffel	90-100	
Kuhmilch	84-88	
Rindfleich	83-92	
Soja	84	
Weizenmehl	59	

Grundsätzlich ist es nicht erforderlich tierische Eiweiße aufzunehmen. Auch vegane Kost kann problemlos den Eiweißbedarf decken.

Bioverfügbarkeit von Eiweißen

Unter **Bioverfügbarkeit** wird der Anteil der mit der Nahrung zugeführten Eiweiße, der in Form von Aminosäuren ins Blut übertritt, bezeichnet. Verschiedene Einflüsse wie Lagerung, Hitzebehandlung oder Verdauung können zu einer Verringerung der Verfügbarkeit der Aminosäuren beitragen. Die Eiweiße von gekochten Eiern sind aufgrund der

[16] Götz, S. 58

Hitzedenaturierung ist besser verfügbar, als die Eiweiße roher Eier. Die Verfügbarkeit tierischer Eiweiße besser als die pflanzlicher.

Tabelle: Bioverfügbarkeit von tierischen und pflanzlichen Lebensmitteln

Lebensmittel	Bioverfügbarkeit (in Prozent)
Pflanzliche Herkunft	
Getreideeiweiß	91 bis 95
Gemüseeiweiß	90
Mais- /Sojaeiweiß	73 bis 87
Tierische Herkunft	
Fleischeiweiß	85 bis 100
Fischeiweiß	98 bis 99
Ei-Eiweiß	97
Kuhmilcheiweiß	87

Aus den Daten ergibt sich eindeutig, dass es für den Menschen nicht erforderlich ist, tierisches Eiweiß aufzunehmen. Auch vegane Eiweißträger sind bestens geeignet, den Eiweißbedarf zu decken. Durch die richtige Kombination ist zudem die biologische Wertigkeit hoch.

Verwendung der Aminosäuren im Kohlenhydrat- und Fettstoffwechsel

Es ist bekannt, dass aus Kohlenhydraten Lipide aufgebaut werden können. Nach der Abgabe der Aminogruppen durch die Transaminierung werden die Kohlenstoffketten der Aminosäuren in der Leber für den Kohlenhydrat- und/oder Fettstoffwechsel weiter verwertet. Unabhängig davon, für welchen Stoffwechselweg sie benötigt werden, führt der

Abbauweg der Aminosäuren zunächst über den Citratzyklus. Alle 20 verschiedenen Aminosäuren können in den Citratzyklus eingeschleust werden. Sie werden entweder über verschiedene Stoffwechselzwischenprodukte wie Acetyl-CoA, Aspartat und Glutamat oder direkt in den Citratzyklus eingeschleust. Die folgende Tabelle stellt dar, über welche Zwischenprodukte die einzelnen Aminosäuren in den Citratzyklus eingebracht werden.

Aus **ketogenen Aminosäuren**, beispielsweise Leucin und Lysin, kann keine Glukose aufgebaut werden. Sie werden lediglich zur Energiegewinnung über den Citratzyklus und die Atmungskette und zur Bildung von Ketonkörpern herangezogen. Isoleucin, Phenylalanin, Tryptophan und Tyrosin sind **ketogene und glukogene Aminosäuren**. Sie werden sowohl zur Glukoneogenese und somit zur Glukosegewinnung, als auch zur Bildung von Ketonkörpern und zur Energiegewinnung verwendet.[17] Alle weiteren 14 Aminosäuren gehören den **glukogenen** Aminosäuren an. Die Kohlenstoffketten können in Pyruvat oder Oxalacetat umgewandelt werden. Pyruvat gilt als Ausgangssubstanz für die Synthese von Glukose. Die Aminosäuren können so über die Glukoneogense für die Gewinnung von Glukose herangezogen werden. Insbesondere spielt die Glukoneogenese bei mangelnder Kohlenhydratversorgung zur Energiegewinnung von Glukose eine entscheidende Rolle. Grundsätzlich sollte im Rahmen einer ausgewogenen Ernährungsweise der Energiebedarf nicht durch Protein gedeckt werden. Vielmehr sollte eine ausreichend hohe Kohlenhydratzufuhr gewährleistet werden. Ein low carb Diät ist vor diesem Hintergrund wenig sinnvoll und gegebenenfalls sogar schädlich.

Ernährungsempfehlungen für die Eiweißaufnahme

IST-Zufuhr

Die Zufuhr an Eiweiß übersteigt in allen Altersgruppen deutlich die empfohlenen Bedarfswerte. In den Altersgruppen der 4- bis unter 10-Jährigen erreicht die Eiweißzufuhr sogar mehr als das Doppelte der empfohlenen Zufuhr. Stammte früher das aufgenommene Eiweiß überwiegend aus pflanzlichen Lebensmitteln, so machen heute tierische Produkte mehr als 70% der Eiweißzufuhr aus. Eine hohe Eiweißzufuhr aus Lebensmitteln tierischer

[17] Schlieper 2000, S. 269

Herkunft wie Fleisch- oder Wurstwaren und Käse ist stark mit einer hohen Aufnahme an Fett und Cholesterol verbunden und kann daher zu Störungen des Fettstoffwechsels führen. Zur Deckung des Eiweißbedarfs ist es nicht erforderlich, Lebensmittel aufzunehmen, die reichlich Purine oder Cholesterol (Cholesterin) oder gesättigte Fettsäuren zuführen. Eine normale Eiweißzufuhr ist mit den Regeln einer gesunden ausgewogenen Ernährungsweise, die Krankheiten vorbeugt oder diese lindert, möglich. Zur Gewichtsreduktion ist es sinnvoll, ausreichend Proteine aufzunehmen. Eine proteinarme Reduktionskost führt über einen deutlichen Muskelabbau in den Jojoeffekt.

Eiweißbedarf

Das mit der Nahrung aufgenommene Eiweiß versorgt den Organismus des Menschen mit Aminosäuren und Stickstoffverbindungen, die zum Aufbau körpereigener Eiweiße benötigt werden. Ein physiologisch begründeter Bedarf besteht somit eigentlich nur für Aminosäuren. Die Empfehlungen für die Zufuhr werden allerdings in Eiweiß angegeben, da diese bei einem gesunden Menschen auf diesem Wege erfolgt. Die Deutsche Gesellschaft für Ernährung e.V. empfiehlt eine tägliche Eiweißzufuhr von **0,8g pro Kilogramm Körpergewicht**, das entspricht etwa **60g** für einen 70kg schweren Menschen. **10 bis 15%** der Gesamtenergiemenge sollen durch Eiweiße gedeckt werden. Die optimale Eiweißzufuhr darf nicht mit dem Minimalbedarf verwechselt werden. Der Minimalbedarf an Eiweiß ist die Menge, bei deren Verzehr die Stickstoffbilanz ausgeglichen ist. Es wird die untere Grenze der Eiweißzufuhr bestimmt, bei der die Stickstoffzufuhr und Stickstoffausscheidung im Gleichgewicht sind.[18] Der minimale Bedarf beträgt etwa 0,34g pro Kilogramm Körpergewicht oder etwa 24g pro Tag für einen 70kg schweren Menschen. Der optimale Eiweißbedarf liegt oberhalb des Minimalbedarfs, da der Körper bei jeglicher Art von Stress mit einer Erhöhung des Eiweißumsatzes und somit des Eiweißbedarfs reagiert. Nach Empfehlungen der FAO/WHO liegt der Sicherheitszuschlag 30% oberhalb des Minimalbedarfs. Daraus ergibt sich für einen 70kg schweren männlichen Erwachsenen ein täglicher Eiweißbedarf von 31g oder 0,44g pro Kilogramm Körpergewicht. Hinzu kommt ein weiterer Pauschalzuschlag von nochmals 30%, der unter anderem unterschiedliche Verdauungs- und Resorptionseigenschaften der Eiweiße, die biologische Wertigkeit sowie Unterschiede in der körperlichen Aktivität berücksichtigt. Die tägliche

[18] Kasper 2004, S. 28

optimale Eiweißzufuhr liegt demnach für einen erwachsenen 70kg schweren Mann bei 0,8g pro Kilogramm Körpergewicht. Diese Empfehlungen gelten jedoch nur für gesunde Menschen. Bei vielen Erkrankungen, wie Verbrennungen kann der Eiweißbedarf weitaus höher liegen, bei Niereninsuffizienz oder Lebererkrankungen dagegen ist eine Eiweißrestriktion lebenswichtig. Neun unentbehrliche Aminosäuren - Histidin, Isoleucin, Leucin, Lysin, Methionin, Phenylalanin, Threonin, Tryptophan und Valin - werden im Organismus nicht gebildet und müssen mit der Nahrung zugeführt werden. Darüber hinaus benötigt der Körper auch entbehrliche Aminosäuren, da mit der alleinigen Zufuhr von unentbehrlichen Aminosäuren ein optimales Wachstum und die Stickstoffbilanz nicht aufrecht erhalten werden können. Neben der lebenswichtigen Versorgung mit unentbehrlichen Aminosäuren muss auf jeden Fall auf eine ausreichende Gesamteiweißzufuhr geachtet werden. Der Eiweißbedarf bei Säuglingen und Kleinkindern wird durch die Wachstums- und Erhaltungskomponente bestimmt. Er sinkt von **2,7g pro Kilogramm Körpergewicht im ersten Lebensjahr** kontinuierlich auf **0,9g pro Kilogramm Körpergewicht im 15. Lebensjahr**. Insbesondere in den ersten Lebensmonaten ist eine starke Unterteilung der Eiweißzufuhr notwendig, da der Bedarf von Monat zu Monat abnimmt. **Schwangere** müssen erst ab dem 4. Monat auf eine erhöhte Eiweißzufuhr achten. Von diesem Zeitpunkt an, wird eine tägliche Zulage von **10g** erforderlich. Die Zufuhr von **stillenden Frauen** ist dagegen um täglich **15g** erhöht und liegt etwa bei 63g pro Tag.[19] Im Rahmen einer Reduktionskost ist es sinnvoll mindestens 1,0 und maximal 1,25 Gramm Eiweiß pro Körperkilogramm (also maximal 125 g Eiweiß bei einem Körpergewicht von 100 Kilogramm) aufzunehmen. Bei normaler Nieren- und Leberfunktion kann die Proteinzufuhr ohne Risiko auf 2 bis 3 Gramm gesteigert werden. Aber das ist auch bei Hochleistungssport nicht sinnvoll. Im Rahmen einer Ernährungsweise, die zusammen mit Fitness-Sport-Aktivitäten zum Muskelaufbau führen soll, ist eine Eiweißzufuhr von 1,25 bis 1,5 Gramm Eiweiß pro Körperkilogramm sinnvoll. Eine weitere Steigerung ist sicher nicht erforderlich. Für einen Leistungsbodybuilder von beispielsweise 117 Kilogramm Gewicht reichen also 176 Gramm Eiweiß am Tag aus. Eine Menge von 145 Gramm sollte nicht unterschritten werden. Für eine Eiweißzufuhr von 100 bis 200 Gramm ist sicher keine Nahrungsergänzung oder die Aufnahme von Eiweißkonzentraten erforderlich. Aber sie kann sinnvoll sein.

---

[19] D_A_CH Referenzwerte, 2000, S. 35

Tabelle: Berechnung der Eiweißzufuhr bei einem Energiebedarf von 10.000 KJ

Gesamtenergiebedarf	100%	10.000 KJ
Eiweißzufuhr	10 bis 15%	1.000 bis 1.500 KJ
1 g Eiweiß liefert		17 KJ
x g Eiweiß liefert		1.000 bis 1.500 KJ
Eiweißbedarf insgesamt	1.000/17 = 59 1.500/17 = 88	**59 bis 88g**

Ernährungsempfehlungen

Die mengenmäßig wichtigsten Eiweißlieferanten finden sich in den Lebensmittelgruppen Fleisch, Wurst, Milch und Milchprodukte. Aber auch Eier, Hülsenfrüchte, Vollkornprodukte, Fisch und insbesondere Soja sind eiweißreich und enthalten eine hohe biologische Wertigkeit. Durch die Kombination verschiedener Eiweißquellen lassen sich Eiweißgemische mit einer hohen biologischen Wertigkeit aufnehmen. In der folgenden Tabelle sind Lebensmittel mit einem günstigen Eiweißergänzungswert beschrieben:

Tabelle: Lebensmittel mit einem günstigen Eiweißergänzungswert[20]

Allgemein		**Beispiele**
• Kartoffeln	Ei Milch Quark Käse	➢ Pellkartoffeln mit Matjes oder Kräuterquark ➢ Kartoffeln mit Ei ➢ Kartoffelgratin mit Sahne und Käse

[20] Schauder 2004, S. 81

• Hülsenfrüchte	Ei Weizen Roggen Fleisch	➢ Bohnensalat mit Brot ➢ Bohnensuppe mit Würstchen ➢ Grünkernsalat mit Erbsen
• Brot	Milch Fleisch Fisch	➢ Brot mit Käse, Milch, Ei, Wurst, Quark, Fisch ➢ Getreideflocken mit Milch ➢ Reis mit Fleisch, Ei usw. ➢ Milchreis

Lakto- und Ovolaktovegetarier sind bei der Zufuhr von der empfohlenen Eiweißmenge und einer angemessenen Deckung des Energiebedarfs ausreichend mit unentbehrlichen Aminosäuren versorgt. Um den Bedarf an unentbehrlichen Aminosäuren zu decken, müssen Veganer dagegen auf eine sorgfältige Gestaltung ihrer Ernährungsweise achten, da weder Eiweiß über Fleisch, Wurst und Fisch noch über Milchprodukte und Ei aufgenommen wird. Bei Kleinkindern ist das in der Regel nicht möglich.[21] Eine schädigende Wirkung von einer erhöhten Eiweißzufuhr über den Bedarf hinaus konnte bis heute noch nicht eindeutig bewiesen werden. Eine erhöhte Aufnahme tierischen Eiweißes ist jedoch in der Regel gleichzeitig mit einer erhöhten Zufuhr anderer Nahrungsinhaltsstoffe verbunden wie zum Beispiel Cholesterol, Purine und gesättigte Fettsäuren. Auch eine positive Wirkung bei erhöhter Eiweißaufnahme konnte nicht nachgewiesen werden. Zwar korreliert eine Zufuhrerhöhung mit einem höheren Muskeleiweißumsatz, dennoch ist ein erhöhter Eiweißumsatz nicht automatisch mit einem Muskelzuwachs verbunden. Trotzdem greifen Millionen von Menschen auf Eiweißkonzentrations- und Aminosäuregemische zurück, um von einem Muskelzuwachs zu profitieren. Das ist sicher nicht in jedem Falle notwendig, kann aber die Ernährung erleichtern.

[21] D_A_CH Referenzwerte 2000, S.37

Bei der täglichen Eiweißaufnahme ist auf folgendes zu achten: Ein Drittel der Eiweißaufnahme sollte durch tierische Lebensmittel erfolgen. Bei der Aufnahme von tierischen Nahrungsmitteln muss gleichzeitig auf die Zufuhr von gesättigten Fettsäuren, Cholesterol und Purinen geachtet werden.

- Um den Kalzium- und Jodbedarf zu decken ist eine ausreichende Versorgung mit Milch, Milchprodukten und Seefisch erforderlich.
- Zwei Drittel der Eiweißaufnahme sollte aus pflanzlichen Lebensmitteln wie Vollkornprodukten, Gemüse, Kartoffeln und Hülsenfrüchten erfolgen.
- Da die Eiweißspeicherung nur begrenzt ist, sollte Eiweiß regelmäßig zu den verschiedenen Mahlzeiten aufgenommen werden.
- Damit Eiweiß nicht zusätzlich zur Energiegewinnung herangezogen werden muss, ist auf eine ausreichende Kohlenhydrat- und Fettzufuhr zu achten.

Eiweiß-Mangelerscheinungen

Insbesondere in den Entwicklungsländern ist der Eiweiß-, aber auch der Energiemangel ein häufig auftretendes und ernst zu nehmendes Problem. Menschen, die eine ungenügende Menge an Eiweiß und Energie zuführen, weisen meist gleichzeitig zusätzlich einen Mangel an lebenswichtigen Mineralstoffen wie Eisen, Zink, Jod, Kalium, Kalzium und Magnesium, den Vitaminen A,C,E und D sowie unentbehrlichen Fettsäuren auf. Eiweißmangel kann auf folgende Faktoren zurück geführt werden:

- Eine zu niedrige Eiweißaufnahme
- Es werden überwiegend pflanzliche Nahrungsmittel aufgenommen, die eine geringere biologische Wertigkeit haben, als tierische Lebensmittel
- Die Aufnahme an Nahrungsenergie ist unzureichend

Die Begriffe Unter- und Mangelernährung werden häufig synonym verwendet. Unterernährung, ein quantitativer Begriff, besteht dann, wenn zu wenig Nahrung aufgenommen wird, um ein aktives und gesundes leben zu führen. Mangelernährung dagegen stellt eine unzureichende Ernährung oder Verwertung mit einem oder mehreren Makro- oder Mikronährstoffen dar.

Häufigkeit

In den Entwicklungsländern sind heute 800 Millionen Menschen chronisch unterernährt. 32% davon sind in Afrika betroffen, 22% fallen auf Asien zurück und 14% auf Lateinamerika. Mehr als zwei Milliarden Menschen weltweit weisen Defizite in der Ernährung mit Mikronährstoffen auf. Am Verbreitesten ist die Eisenmangelanämie, von der weltweit 1,5 bis 2 Milliarden Menschen betroffen sind. Hinzu kommt bei den Betroffenen häufig noch ein Folsäuremangel. Auch Jod ist ein kritischer Nährstoff. Derweil leben 200 Millionen Menschen in Jodmangelgebieten und 900 Millionen Menschen sind nicht ausreichend mit Vitamin A versorgt. In Ländern mit langen und kalten Wintern wie Nordchina, Nordrussland und der Mongolei treten immer noch regelmäßig die Folgen eines Vitamin-D-Mangels, die Rachitis auf.[22] Laut Statistischem Bundesamt leben alleine in Deutschland 1,55 Millionen Menschen im Alter von 18 bis 75 Jahren mit einem BMI unter 18,5.[23]

Ursachen

Die Ursachen sind multifaktoriell und sehr komplex. Verschiedene äußerliche Faktoren wie Klima, natürliche Ressourcen, Bildungsangebote, politische Instabilität, niedriges Einkommen, Infrastruktur und das Fehlen von medizinischen Einrichtungen spielen eine wichtige Rolle. Diese Faktoren haben einen großen Einfluss auf die Nahrungs- und Lebensbedingungen hauptsächlich innerhalb der Familien in den Entwicklungsländern. Mangelhafter Wohn- und Sanitärraum und schlechte Wasserversorgung, Nahrungstabus in der Kultur und Nahrungsdefizite, Armut und Arbeitslosigkeit können die Folge sein. Ein Infektionsrisiko und ein Nahrungsdefizit erhöht das Risiko der Manifestation einer Mangelernährung. Neben einer unzureichenden Nahrungsaufnahme sind noch andere Ursachen von Bedeutung:

[22] Biesalski 2004, S. 288-291
[23] Statistisches Bundesamt, 2004, Gesundheitswesen Mikrozenzus 2003 – Fragen zur Gesundheit, Wiesbaden

- Erhöhter Mikro- und Makronährstoffbedarf
- Niedriger Eiweißgehalt von einigen Lebensmitteln
- Vitamin- und Mineralstoffmangel
- Mangel an unentbehrlichen Aminosäuren
- Umweltgifte wie Ruß, Tabakrauch oder Pflanzenschutzmittel
- Nahrungstabus
- Mangelhafte Abstillpraktiken

Die häufigsten Protein-Mangel-Erkrankungen (= protein energy malnutrition, PEM) sind Marasmus und Kwashiorkor, die beide unterschiedliche Symptome aufweisen.

Eiweiß bei Übergewicht

Studien zeigen, dass Proteine in der Lage sind, einen wichtigen Effekt beim Abbau von Übergewicht darzustellen und den Jojo-Effekt zu verhindern. Zusammenfassend kann aus der aktuellen Studienlage abgeleitet werden, dass die optimale Reduktionskost relativ eiweißreich ist, reichlich Ballaststoffe enthält, einen niedrigen glykämischen Index und eine niedrige glykämische Ladung aufweist und ausreichend ein- und mehrfach ungesättigte Fettsäuren (auch Omega-3-Fettsäuren) liefert. Der Gehalt an Zucker und gesättigten Fettsäuren ist möglichst gering.

Grundsätzlich sind Crash-Diäten nicht sinnvoll. Zu den Crashdiäten gehören beispielsweise Fasten, Nulldiät, Saftfasten oder das sogenannte Heilfasten. Aber auch einseitige Ernährungsformen wie Eierdiät und Co. sind klassische Crashdiäten. Sie schädigen direkt die Gesundheit und lassen nach Beendigung das Gewicht auf der Waage schneller wieder steigen als sie die Pfunde purzeln ließen. Schuld hieran ist in erster Linie die oft niedrige Eiweißaufnahme während der Diät. Fasten ist der direkte Weg in den Jojo-Effekt. Damit fördert Fasten langfristig die Gewichtszunahme und die Entstehung und Ausprägung von Cellulite. Fasten ist aus ernährungsmedizinischer Sicht grundsätzlich völlig abzulehnen.

Zur Gewichtsreduktion – exakter Abbau von Körperfett – ist es wichtig, ausreichend Protein zuzuführen. Proteine sättigen extrem gut, erhöhen die Insulinausschüttung nicht, erhöhen den Energieverbrauch und schützen die Muskulatur. Damit machen Proteine eine Gewichtsreduktion leichter. Zudem zeigen aktuelle Studien, dass sie vor dem Jojo-Effekt schützen können. Unsere Muskulatur verbrennt einen Großteil der aufgenommenen Kalorien. Überschüssige Energie wird als Fett im Fettgewebe – genauer den Adipozyten – abgelagert. Da zur Aufrechterhaltung der Körperfunktionen eine tägliche Mindestmenge an Eiweiß erforderlich ist, holt sich der Körper dieses vor allem aus den Muskeln. Der Verlust des stoffwechselaktiven Gewebes lässt zwar das Gewicht auf der Waage schnell sinken. Bei der Rückkehr zu den alten Essgewohnheiten fehlt dieser Muskelanteil zusätzlich für die Energieverwertung. Die Folge ist der berüchtigte Jojo-Effekt, da der Körper nun noch mehr überschüssige Energie im Fettgewebe speichert.

Für einen gesunden Gewichtsverlust benötigt der Körper mindestens 1,0 Gramm Eiweiß pro Kilogramm Körpergewicht aus der Nahrung, wie verschiedene Kurz- und Langzeitstudien belegen. Unter Diäten mit einer geringeren Eiweißzufuhr beobachteten Wissenschaftler eine Abnahme der stoffwechselaktiven fettfreien Masse, verbunden mit einer anschließend raschen Gewichtszunahme (1). Hunger- oder Fastenkuren, aber auch einseitige Diäten bergen die Gefahr einer Eiweißunterversorgung. Der Verzehr von reichlich Frischobst und Gemüse beispielsweise liefert zwar wichtige Vitamine und Mineralstoffe, kann aber nicht den Eiweißbedarf decken. Einseitige Lebensmittelkombinationen wie zum Beispiel Gemüse, Obst und Reis führen, über Tage oder gar Wochen hinweg allein konsumiert, zum Abbau von Muskeln. Der Jojo-Effekt ist vorprogrammiert. Nachhaltig wirkende Diäten enthalten daher ausreichende Mengen an guten Eiweißquellen und kombinieren verschiedene Lieferanten wie Fleisch, Fisch, Eier, Milchprodukte, Hülsenfrüchte oder Tofu.

Quelle: 1) Westerterp-Plantenga MS et al.: Dietary protein - its role in satiety, energetics, weight loss and health. Br J Nutr; 108 Suppl 2:S105-12: 2012

Eine eiweißreiche Reduktionskost kann dabei helfen, Übergewicht und Adipositas vorzubeugen oder es zu verringern. Wie eine Forschergruppe des Deutschen Instituts für Ernährungsforschung nachweisen konnte, führt eine hohe Aufnahme von Eiweiß oder Aminosäuren zu einer erhöhten Wasseraufnahme. Diese ist mit einer geringeren Nahrungsaufnahme verbunden und trägt so dazu bei, Übergewicht und Adipositas vorzubeugen. Zudem wirkt eine proteinreiche Kost (1,0 Gramm Eiweiß pro Körperkilogramm) der Fettneubildung in der Leber entgegen. (Amino Acids; Freudenberg et al., 2012; DOI 10.1007/s00726-012-1363-2)(1).

Zahlreiche Untersuchungen weisen nach, dass eine Erhöhung des Eiweißanteils in der Nahrung oder eine erhöhte Aufnahme bestimmter Eiweißbausteine besonders bei der heute üblichen, fettreichen Ernährung (2) helfen können, Übergewicht und einer Leberverfettung vorzubeugen.

(1) Freudenberg A, Petzke KJ, Klaus S: Dietary
L-leucine and L-alanine supplementation have similar acute effects in
the prevention of high-fat diet-induced obesity. Amino Acids. 2012

Grundsätzlich sollte in der Wissenschaft und Praxis verstärkt über den Nahrungsinhaltsstoff Protein nachgedacht werden. Gerade im Bereich der Vorbeugung und Behandlung von Übergewicht und Adipositas spielen Eiweiße eine wichtige Rolle. Einer der Gründe, warum Übergewicht und Adipositas kaum abnehmen, könnte in der Eiweißarmut der meisten Diäten begründet liegen. Und auch low carb Diäten sind in der zu fettreich, um durch den erhöhten Proteingehalt sinnvolle Effekte zu entfalten.

Verfasser:

Dr. h.c. (AM) Sven-David Müller, M.Sc.
Medizinjournalist und Gesundheitspublizist
Master of Science in Applied Nutritional Medicine
staatlich anerkannter Diätassistent
Diabetesberater der Deutschen Diabetes Gesellschaft

Zentrum und Praxis für Ernährungskommunikation, Diätberatung
und Gesundheitspublizistik (ZEK)

1. Vorsitzender des Deutschen Kompetenzzentrum Gesundheitsförderung und Diätetik e.V.

Ostheimer Straße 27d in 61130 Nidderau bei Frankfurt am Main

Telefon 06187 9948600, Handy 0172-3854563

www.svendavidmueller.de

www.muellerdiaet.de

www.dkgd.de